西宁野生动物园

齐新章——著　张立洋——绘

中信出版集团 | 北京

图书在版编目（CIP）数据

随身携带的动物园. 西宁野生动物园 / 齐新章著；
张立洋绘. -- 北京：中信出版社, 2024.8 (2025.3重印)
ISBN 978-7-5217-6569-4

Ⅰ. ①随… Ⅱ. ①齐… ②张… Ⅲ. ①动物园-西宁
-少儿读物 Ⅳ. ①Q95-339

中国国家版本馆CIP数据核字（2024）第092504号

感谢各位保育员和天音文创馆提供照片！

随身携带的动物园：西宁野生动物园

著　　者：齐新章
绘　　者：张立洋
出版发行：中信出版集团股份有限公司
（北京市朝阳区东三环北路27号 嘉铭中心　邮编　100020）
承 印 者：北京尚唐印刷包装有限公司

开　　本：889mm × 1194mm　1/20　　印　　张：2　　字　　数：80 千字
版　　次：2024 年 8 月第 1 版　　印　　次：2025 年 3 月第 2 次印刷
书　　号：ISBN 978-7-5217-6569-4
定　　价：20.00元

出　　品：中信儿童书店
图书策划：好奇岛
策划编辑：潘婧　朱启铭　史曼菲　　特约编辑：孙萌　　责任编辑：程凤
营　　销：中信童书营销中心　　封面设计：李然　　内文排版：王莹

巍巍高原 纤纤生灵

青藏高原是“羽族炫翎，蹄类竞骄”的野生动物天堂，养育着雪豹、藏羚、野牦牛、藏野驴、岩羊、黑颈鹤等众多高原物种。西宁野生动物园就坐落在青藏高原，海拔2300余米，2009年4月开园，饲养、展示多种青藏高原珍稀野生动物，非常具有地方特色。这里不仅是世界上唯一饲养展出荒漠猫和普氏原羚的动物园，也有全国唯一的雪豹、兔狲、高山兀鹫人工繁育种群。

高原气候寒冷干燥，很多植物无法生存；园区的土质又是湿陷性黄土，只要下雨，地基就容易下陷移动，房屋年年变形。工作人员就绞尽脑汁，克服环境恶劣、经费不足等困难，努力提升动物福利。

岩羊爱攀岩，保育员们就挖石头堆起一座假山，找废木料搭独木桥，用竹竿做成爬架。灵长动物相对更聪明一些，用旧轮胎做的秋千就能让它们玩出各种花样，上蹿下跳地玩上半天。西宁的夏天日照强烈，保育员们就给猕猴修了个小水池，让它们可以跳水玩耍。石鸡需要有能够躲藏的遮蔽物，于是保育员搭建了草巢，防寒防暑防风又防雨。条件有限，保育员们就在食物上下功夫，增加取食难度，比如，把食物藏在树洞里、纸箱里及各种各样的容器中，或将食物分散在笼舍的各个角落，让动物们的生活变得更有乐趣，减少异常及刻板行为。

当然，也会有意想不到的事情发生。2009年刚开园的时候，熊区是猛兽区绿化最好的，可以说是绿树成荫，然而现在，几乎所有的树都被啃光了。之前熊区的地面都是原生态的黄土地，但是熊们特别爱挖洞，有一天，保育员发现熊区的熊少了8只，被吓坏了，后来，保育员们发现，“熊孩子们”在展区中间靠近内舍的地方挖了一个大洞。先斜着向下挖了2米多，然后横着向前挖四五米，最后掏出了3个房间。它们居然挖了一个20多平方米的“三居室”，8只熊全钻进去了！于是，工作人员只好把靠近内舍的地面都用水泥做了硬化，以防“熊孩子们”乱挖，把内舍地基给破坏了。

“唯有了解，才会关心；唯有关心，才会行动；唯有行动，才有希望。”这是著名动物保育人士珍妮·古道尔的名言。很多人知道青藏高原是野生动物的天堂，却并不知道这里都有什么动物。我们自己的本土物种，如果在大家还没来得及了解它们的时候就消失了，就太可惜了。

于是，西宁野生动物园成为一个窗口，致力于为独特、迷人的青藏高原动物发声，希望更多的人关注、关心这些本土物种，进而保护青藏高原的生态。雪豹傲雪、兔狲狲小妹、荒漠猫老黄、欧亚猞猁花园宝宝、高山兀鹫六毛球……一个个鲜活灵动、个性十足的高原生灵闯入人们的视野，吸引了公众的目光。整个青海乃至青藏高原的野生动物世界，在慢慢向我们铺陈开来。

西宁野生动物园副园长

游览地图

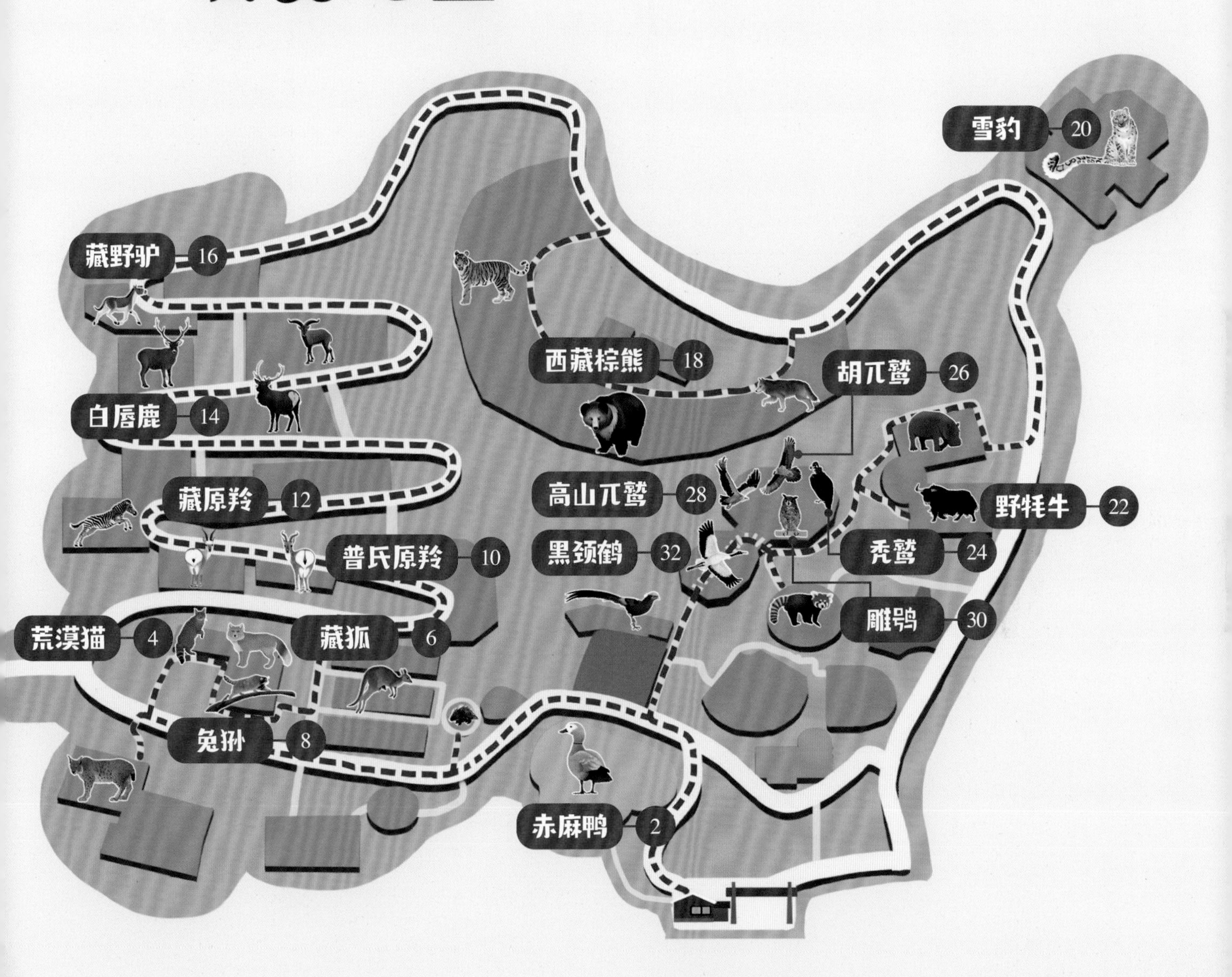

注：此为截至 2023 年 12 月的动物场馆位置及动物状况。
此页出现的数字对应书中动物的页码。

人类身边的动物朋友

赤麻鸭

你好，我是赤麻鸭，一只普普通通的游禽，我也没有名字。2020年，我出生在西宁市的一个养殖场，后被救护到西宁野生动物园。因为当时没有野外生存能力，我和92个兄弟姐妹被软放归到西宁野生动物园水禽湖。初次下水时，我们还有些紧张呢。现在我们自由自在地生活在西宁市的各处湖泊、湿地中，秋天如果不想随大部队迁徙，就飞回动物园过冬，日子甭提多舒服了！

嘴、尾和脚都是黑色的。

在繁殖季，成年雄性赤麻鸭脖子上有一道黑色环纹。

翅膀上有铜绿色翼镜。

赤麻鸭宝宝是褐白相间的。

走进自然的窗口

我们全身呈赤黄褐色，因而得名赤麻鸭。我们的适应能力很强，从低海拔盆地到海拔四五千米的高寒山区，从乡村到城市，你都能见到我们的身影。正是因为我们普普通通，随处可见，所以会成为你认识身边物种的窗口，从认识我们开始，去找找你家小区、附近公园里的鸟和其他小动物吧！你会发现，自己身边原来有那么多生灵，在生态系统中扮演着自己的角色。

软放归

相比于受伤被救护的野生赤麻鸭，我们从小在养殖场长大，没有学过飞行，也没有下水游过泳，如果被直接带到野外放归，很可能没办法活下来。动物园工作人员决定采用软放归的形式，为我们进行了检疫，补充了营养，然后就把我们放到了水禽湖。我们潜藏在骨子里的本能被唤醒了，开始学习飞行、游泳、采食等技能。在动物园里，我们可以得到很好的保护和充足的食物。工作人员没有给我们剪羽，在我们想飞走并且有能力飞走的时候，就可以回归野外了。

夫妻养娃

我们是一夫一妻制的。当雌鸭产卵时，雄鸭会在巢附近警戒，一旦遇到危险就高声鸣叫示警。雌鸭产下最后一枚卵，就开始孵卵。如果雌鸭需要和雄鸭一起外出觅食，会用绒羽将卵全部掩盖起来。觅食结束，雄鸭陪同雌鸭飞回巢中，而后雄鸭再飞离。刚孵出来的小鸭子就会游泳和潜水，如果遇到危险，它们会立刻藏入岸边草丛中。也有资料说，鸭爸爸和鸭妈妈会背着刚孵出来的小鸭子，从巢区飞向取食地，在水中游泳时，小鸭子也常常爬到爸爸妈妈背上玩耍。50 天左右，小鸭子就能自己飞翔了。

中国特有的猫科动物
荒漠猫

小型猫科动物馆

尾巴下半部有明显的黑色环纹，尾尖黑色。

额头有暗棕色斑纹。

眼睛是灰色的，在某些光线条件下会呈现蓝色。

眼后和脸颊各有两条棕褐色斑纹。

你好，我叫黄小桃，是个女生，2022年元旦，我误入一户农家的鸡舍，被鼠夹夹伤，导致左前爪断掉，失去了回到野外的机会。我们是国家一级保护动物，但是随着散养猫和流浪猫逐渐增多，在我们的分布区，荒漠猫与家猫的杂交现象越来越严重，这会影响我们的物种纯度。同时，流浪猫携带的一些病原体，对于我们来说是致命的。这些因素都会威胁到我们这一物种的存续，所以还请大家不要散养家里的猫咪，更不要遗弃它们。

荒漠猫并不生活在荒漠

我们的名字是由早期的英文名（Chinese Desert Cat）直译过来的，其实我们更喜欢草丛丰富的浅山区，或者地势有起伏的高原草场，偶尔也出没于海拔 4000 米以上的高山地带。我们也会光顾人类的农田、人造林地以及自然恢复后的荒地，前提是那里有足够多的鼠类。我们是中国特有的猫科动物，主要分布在甘肃、青海、四川、西藏。

耳簇的作用

我们很神秘，直到 2007 年，人类才第一次拍到野外荒漠猫的照片，因而对我们了解得并不多。我们两耳各生有一簇长约 2 厘米的短毛，人们称其为耳簇，关于它们的作用，科学家还没有得出结论。有人认为，耳簇可以帮我们感知外界信息，甚至增强听力；也有人觉得，在我们伏击猎物的时候，耳簇可以模拟枯草，帮我们更好地隐藏自己。

动物园中动物的来源

如果追本溯源，动物园里的所有野生动物都源自野外，但是野外捕捉对动物保护非常不利。被救助的动物，有的经过学习或康复后会回归野外；有的不适合放归野外，就留在了动物园。此外还有其他国家赠送的礼品动物，动物园之间进行交换的以及通过动物商购买的动物等。目前动物园里的大多数物种的主要来源是人工繁育。人工繁育可以在一定程度上保护珍稀动物，有些动物在合适的条件下还能反哺野外种群。

与众不同的方脸狐狸

藏狐

小型猫科动物馆

你好，我叫狐白板。在我还是个宝宝的时候，被一个施工队给挖了出来，后被救护到西宁野生动物园，住进了小型猫科动物馆，和兔狲是邻居。我们也是典型的高原物种，生活在海拔 3000 米以上的地区，是国家二级保护动物。

体长为 49~70 厘米，体重为 3.8~5.7 千克。

与其他狐狸昼伏夜出的习性不同，藏狐白天活动，时间集中在 8~12 点和 16~20 点。

冬毛浓密，背部呈棕黄色，身体两侧和尾巴上半部是银灰色的，尾端和腹部白色。夏毛呈深土黄色，没有银灰色。

耳朵和四肢都比其他狐狸短小。

高原上的“大方脸”

和其他种类的狐狸相比，我们的鼻吻部要更长一些，对应的咀嚼肌、颌骨和颧骨等更发达，所以看起来脸比其他狐狸要方。而且，我们的大脸能容纳更大的听泡（内耳中的一个组织），这样可以听到猎物发出的低频声音，提高捕猎能力。此外，冬天为了保暖，我们面部的毛要更长一些，也会显得脸大，等到了夏天毛短的时候，我们的脸就会小很多。

主食——“高原大米饭”

高原鼠兔一度被认为是草场退化的元凶，被称为“高原大米饭”，是众多高原食肉动物的主要捕食对象。我们以高原鼠兔为主要食物，在高原生态系统中发挥着重要作用。除了高原鼠兔及小型啮齿类动物之外，我们也吃地栖鸟类，如雪雀、地鸦等；有时甚至会捕食块头和我们差不多的旱獭；还会尾随狼、西藏棕熊等大型食肉动物，啃食它们吃剩的藏原羚等大型食草动物的尸体。

旱獭的世仇

说起来有点儿对不住旱獭，我们不仅会把它们当作食物，还会霸占它们的地洞。我们生活在高原草场，这里缺少树木和灌木丛的遮蔽，而地洞让我们既能避寒，又能躲避天敌，也方便藏狐妈妈在地洞里生育、喂养宝宝。但是我们不会打洞，只能去抢占别的小动物的。而旱獭拥有非常发达的前爪，擅长掘土，个头儿和我们也差不多，它们挖好的地洞，我们住进去刚刚好！简直是我们的理想之所。

表情丰富的猫科动物
兔狲

你好，我叫狲三郎，网友们送了我一个外号：墩子。目前，我国动物园中只有西宁野生动物园饲养、展出兔狲，而我又是国内第一只人工繁育成活的雄性兔狲。园内另外三只雌性兔狲分别是狲尚香、狲小满和我的妈妈狲小妹。我们是国家二级保护动物。

用处大大的“大饼脸”

与其他猫科动物相比，我们的脸显得有点儿方。这是因为我们的听泡极度膨大，每个听泡体积达 1.22 立方厘米，比同等体形其他猫科动物的大 $\frac{1}{3}$ 。在我们生活的干旱的草原，高频声音衰减得很快，我们只能依赖低频声音发现猎物和天敌。而听泡体积越大，我们能听到的声音的频率越低，能更快地发现猎物和天敌。

勇敢兔狲，不怕困难

别看我们外表呆萌，战斗力可不弱哟——捕到的猎物被老鹰抢走了，我们敢于奋起直追；即使遇到体形比我们大的藏狐，我们也敢一较高下。但是，我们有很多天敌，如果发现了雪豹、狼、西藏棕熊、猞猁、狗等大型动物，我们就会马上躲起来。我们主要以鼠兔为食，也捕食鼠类、鸟类、蜥蜴等，偶尔也吃野兔和旱獭等体形稍大的动物，对维持草原生态平衡具有重要作用。

人家不胖！只是毛长

我们通常生活在高海拔或高纬度的地区，那里气温比较低。为了御寒，我们进化出了又密又长的毛，每平方厘米的皮肤上可分布 9000 根以上 7 厘米长的毛。这使我们看起来胖乎乎的，其实我们成年后的体重也只有 2.3~4.5 千克，还没有一些家猫重。

高原精灵
普氏原羚

你好，我是普氏原羚。西宁野生动物园是世界上唯一饲养、繁育普氏原羚的动物园。化石记录表明，中国西北许多地方都曾出现过我们的身影，然而由于种种原因，现在我们仅分布于青海省，包括青海湖周围，以及天峻县、共和县等地。环青海湖国际公路自行车赛吉祥物灵灵的原型就是我们普氏原羚。我们是国家一级保护动物。

奇怪的名字

博物学中有个传统，谁首次发现某一物种，就有为其命名的权力。1875 年，沙俄探险家普尔热瓦尔斯基在中国内蒙古鄂尔多斯草原发现了我们，十几年后，我们被命名为藏原羚种普氏原羚亚种，实际上这是一种误解。直到 1949 年，我们才被确定为一个独立的种。遗憾的是，我们是中国的特有物种，却被冠上了外国人的名字。摄影师葛玉修先生征求有关专家的意见，为我们增加了一个中文名字——中华对角羚。葛玉修先生是第一个拍摄到我们影像资料的人，也被称为中华对角羚之父。

从 300 只到 3000 只

由于栖息地缩小和破碎化、家畜冲突、种群隔离、围栏阻隔、偷猎等原因，20 世纪 90 年代初，我们的种群数量只剩下了不到 300 只，成为世界有蹄动物中最濒危的物种。政府以及社会各界人士共同努力，采取措施保护我们，比如退牧还草，降低围栏高度，去除围栏上的铁刺，设立救护中心，开辟通道等，还为我们建立了专属保护区。经过几十年的保护，截至 2022 年，我们的种群数量已有 3400 余只。

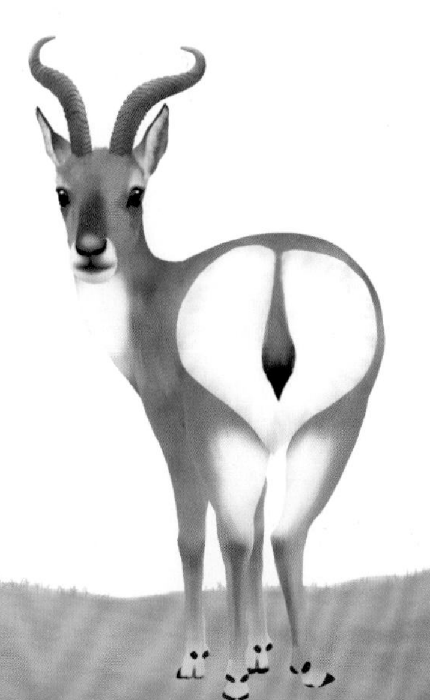

遇到危险“竖白旗”

我们体形较小，体长约 110 厘米，肩高约 50 厘米。我们生性机警，行动敏捷。一旦受到惊吓，我们臀部的白毛会竖起外翻，这在绿色或黄色草地的反衬下格外醒目，以警示同伴有危险临近。我们是跑步高手，前后足交替着地，后肢用力后蹬，这种跳跃式奔跑使我们的身体在空中画出一道波浪起伏的曲线，分外优美。

“爱心”天使 藏原羚

草食区

你好，我是藏原羚，并不是大名鼎鼎的藏羚。在野外，我们和藏羚共享着同一片蓝天和土地，得益于人类对藏羚的保护，我们的野外种群数量也在持续恢复。我们是国家二级保护动物。
雌性无角。成年雄性的角先向上生长，再朝向后方，末端又略微向上。角上有很多环棱。
尾部有黑色及褐色的毛。
腹部及四肢内侧为白色。

英雄的保护

我们在中国分布于甘肃、新疆、西藏、青海、四川等地，而在青海主要生活在可可西里国家级自然保护区。在那里，流传着一位英雄的故事，他的名字叫作杰桑·索南达杰。为了保护藏羚，索南达杰在追捕盗猎分子的战斗中不幸中弹，壮烈牺牲，可可西里第一个保护站就是以他的名字命名的。现在，可可西里保护区拥有藏羚、野牦牛、藏野驴、白唇鹿、西藏棕熊以及我们藏原羚等 230 多种野生动物，被联合国教科文组织列为世界自然遗产。感谢人们对高原生灵的保护。

素食也挑剔

在人类的保护下，我们的野外种群数量恢复很快，现在在青藏高原，经常能见到我们的身影。我们温驯活泼，好奇心强，主要采食高原上纤维较少的植物。在野外也无须投喂我们，因为人类的食物会导致我们消化不良，患上消化系统疾病，甚至死亡。我们有自己的生存之道，互不打扰才是最好的相逢。在动物园里，我们的食谱都是由专业营养师制订的，即使是大白菜、黄瓜等蔬菜，大量进食对我们的身体健康也是不利的，爱我们请不要投喂哟！

藏原羚和藏羚的区别

	藏原羚	藏羚
体形	相对较小，体长不到 1 米，体重不足 20 千克	相对较大，体长约 1.2 米，体重 24~45 千克
毛色	灰褐色	浅红棕色
角	成年雄性的角相对短小，向后弯成弧形，约 30 厘米长，看起来像两把短镰刀	成年雄性的角又直又长，50~70 厘米，像两柄长剑
面部	额头颜色较浅，吻部为灰褐色	繁殖季雄性面部呈黑色，雌性面部无黑色
臀部	尾巴较短，6~10 厘米长，臀部的白毛呈心形	尾长约 23 厘米，没有心形白屁股

高原神鹿
白唇鹿

草食区

你好，我是白唇鹿，我们家族生活在西宁野生动物园的草食区东部。在野外，我们基本在高原草场度过夏天。但青藏高原草场上近80%是牦牛、绵羊、山羊等的放牧地，为了避开这些家畜和牧民，我们会进行季节性迁移，夏季来到家畜到不了的海拔 5000 米以上甚至更高的区域，冬季再转移到海拔较低的灌木林。我们是国家一级保护动物。

雄鹿长有扁平的大角，有 4~5 个分叉。

臀部有淡黄色块斑，所以也被称为黄臀鹿。

白唇鹿宝宝身上有白色斑点。

嘴唇周围和下颌是白色的，因而得名白唇鹿。

擅长游泳，能渡过湍急的宽阔水面。

尾巴很短，长度不到 14 厘米。

象征吉祥的神鹿

在中国的传统文化中，我们代表着吉祥如意、长寿健康。传说寿星坐骑的原型就是我们白唇鹿，当地牧民视我们为神鹿。我们是一种古老的物种，早在更新世晚期的地层中，就发现了我们祖先的化石。现在我们分布在青藏高原、云南北部等地，是中国特有的珍稀动物。

挑剔的“新娘”

我们实行“走婚制”，一年中的大多数时间，雄鹿组成雄鹿群，幼崽和雌鹿生活在一起，两个群体各自生活，互不往来。每年的 10~11 月是我们的繁殖期，这时雄鹿和雌鹿会聚集在一起，组成混合群。雌鹿的择偶标准很高，只有那些鹿角又大又漂亮的强壮雄鹿才会被选中，让种群的优势基因得以传承。

胆子小的大个子

在野外，我们的天敌有豺、狼和雪豹等。它们的体形比我们小很多，却令我们闻风丧胆。那是一种与生俱来的恐惧，会使我们在遇到天敌时拼命逃跑。当然啦，如果跑不掉，雄性白唇鹿也不会束手就擒，而是会用大角去顶撞天敌。其实，被猎捕的白唇鹿通常是族群中的老弱病残或落单的个体，这也有利于淘汰不良基因，提高我们种群的整体健康水平。

高原上的拓荒者
藏野驴

草食区

背中央有一条黑褐色脊纹。

耳朵没有家驴的长，可以灵活转动。

尾鬃生于尾巴的后半段。

藏野驴脸部、项部、肩部及背部为黄棕色，颈部、胸腹部、四肢内侧为白色，对比明显。

前腿内侧有皮肤角质块，叫作附蝉，俗称夜眼。

只有一个脚趾，属于奇蹄目动物。

你好，我们是藏野驴。我们这个大家族有十几名成员，一起生活在西宁野生动物园草食区南部。野外的伙伴们也喜欢集群活动。我们藏野驴基本都是独生子，是世界上体形最大的野生驴。我们是国家一级保护动物。

与家驴论高下

家驴的祖先是非洲野驴，品种较多，体形差异很大。和普通的家驴相比，我们藏野驴的体形要大一些，体长约 2 米，体格矫健。家驴的体色多为灰褐色，也有白色和黑色的；而我们呈黄棕色，看起来更靓丽。家驴生活在人类的居住地，而我们生活在高山谷底、高寒草原等地。

鱼贯而行

在不受惊扰的时候，我们喜欢鱼贯而行。在野外，清晨，由雄驴开路，雌驴断后，幼驴被护在中间，我们从荒漠或丘陵深处来到水源附近的草地吃吃喝喝，度过白天的大部分时间。傍晚，回到荒漠或丘陵深处休息。每天要行进几十千米。

驴脾气

你们在青藏高原牧区的一些道路附近有可能见到我们的身影。我们有个特殊的爱好——与汽车赛跑。当人类驾驶汽车经过我们的地盘时，我们会先盯着它看，如果汽车越来越近，侵犯了我们的领地，那我们的驴脾气一下子就上来了，会追着汽车奔跑。追上它，超过它，并从车前跑过，我们才会带着胜利的骄傲慢慢停下来。虽然我们速度快、耐力好，但是长时间高速奔跑可能会给我们的身体带来伤害，万一遇到犯了犟脾气的藏野驴，还请大家让让，减减速，就让我们的获胜心得到一下满足。

高原巨兽
西藏棕熊

猛兽区

你好，我叫跳跳。我们的豪宅位于猛兽区，有几千平方米，有山坡，有水池……曾经这里绿树成荫，可是设计师低估了我们的破坏力，仅仅两三个月，我们就啃秃了每一棵树，以及每一片草地，还挖地洞。青藏高原的“喜马拉雅雪人”其实就是我们西藏棕熊，我们也被称为藏马熊，是国家二级保护动物。

耳朵圆圆的，相对较大。

吻部较长，有助于从洞中叼出旱獭、鼠兔等。

胸前有月牙形白斑，一直延伸至肩颈部。

爪尖又长又锋利，有助于掘开猎物的洞穴、挖出植物的根。

生活在 3500~5000 米的高海拔地区。

尾巴较短，四肢粗壮。

冬眠时生宝宝

你知道吗？熊妈妈的身体里会发生神奇的胚胎延迟着床现象。在野外，这种方式使得有限的能量得到了最好的分配。如果熊妈妈觉得囤积的脂肪不够用，也可以选择不让胚胎着床，不生宝宝。如果脂肪足够，那么胚胎会在冬眠开始时着床，经过两个月左右的快速发育，宝宝会在妈妈冬眠期间出生。所以一入秋，我们就忙着准备过冬了，每天花大量时间进食，把身体养得胖胖的。2020 年 1 月，我就是在冬眠的洞中产下两个熊宝宝的。我也会醒来翻身，舔舐它们的身体，还会走出洞来吃保育员给我准备好的食物，只不过大部分时间都在睡觉。

保护高原草场的功臣

你们在纪录片和生态摄影作品中见到的会捕鱼的棕熊是阿拉斯加棕熊。虽然都是棕熊的亚种，但是我们生活在高原地区，主要吃旱獭、鼠兔等动物，一年大约能吃掉 3500 只鼠兔，是保护高原草场的功臣。有时我们也会去抢豹、狼等猛兽捕到的猎物，或者捡食它们吃剩下的残骸。我们可是会过日子的熊，吃不完的食物我们会挖个坑埋起来。当然啦，我们和其他熊一样，也是杂食动物，也吃各种各样的植物，也爱吃蜂蜜。

熊出没，请注意

现在在藏区，有可能见到我们的身影。虽然看起来憨态可掬，但其实我们性情凶猛，十分危险。在野外遇到我们，要保持冷静，不要大喊大叫，与我们保持足够的安全距离，并尽快远离。如果在驾驶途中遇到我们，千万不要鸣笛，以免我们受到惊吓，做出危险举动；更不要因为兴奋而下车拍照，切勿围观。

雪山之王
雪豹

雪豹馆

你好，我叫油画，出生于2019年5月，和我的姐姐水墨是一对双胞胎“姐妹花”，我们是国内现存的第2和第3只人工繁育雪豹，国家一级保护动物。我的体形比姐姐的小一点儿，我好奇心强，喜欢探索，大家都夸我机灵又细心。
不能发出狮虎那样的咆哮声，只能发出嗷呜嗷呜的叫声。
雪豹也会得猫瘟。
每只雪豹的花纹都是独一无二的。
雪豹的毛很长，比如腹部的毛，夏季时约有5厘米，到了冬天则可长达12厘米。
脚掌宽大厚实，使雪豹适宜在裸露的山地和雪地中行进。

雪豹并非全身雪白

因为我们常在雪线附近和雪地间活动，所以被称为雪豹。有的人以为我们全身雪白，其实不然，我们是灰白色的，全身布满黑色的斑点和圆环。这种毛色便于我们隐藏在山石之间，出其不意地袭击岩羊、北山羊等擅长攀岩的猎物。

多功能大尾巴

我们成年后，体长约有 1.3 米，尾长约 0.9 米。长长的大尾巴用处可多了：在跳跃攀爬时，可以帮助我们保持身体平衡；在寒冷的季节，我们还可以把毛茸茸的大尾巴当作围巾、被子、口罩等，有保暖的功能。不过在平地行走和蹚水的时候，太长的大尾巴也会有点儿碍事。

舌头当梳子

和其他猫科动物一样，我们的舌头上也有很多倒刺，这些倒刺是由角蛋白构成的，其硬度与人类的指甲相似。在显微镜下观察，会发现这些倒刺呈勺状，横截面为 U 形。这是为了容纳我们自己的唾液，以便在舔毛时起到润滑的作用，减少干燥的毛发与舌头之间的摩擦力。其功能就像人类的梳子。也有人认为这些倒刺还能帮助我们进食、饮水，保护我们的舌头。

高原"牛魔王"

野牦牛

大型珍稀动物馆

你好，我是野牦牛，与家牦牛在外形、性情、生存环境、基因图谱等方面都有区别。我们是中国特有的珍稀动物，生活在海拔 3000~6000 米的高寒草甸、荒漠等高峻荒凉之地。毛色金黄的金丝野牦牛则更为稀有。我们是国家一级保护动物。

肩部中央有一块隆起的肉，所以野牦牛站立时显得前高后低。

雌雄都有角，雄性的角要比雌性的长而且宽。

毛特别长，胸腹部的毛几乎下垂到地面。

除鼻吻部有少许白毛外，全身呈黑褐色。

因为叫声似猪，所以又被称为猪声牛。

皮极其坚硬，以前牧民将其做成菜板。

高原之舟

一般认为，家牦牛是由野牦牛驯化而来的。因为体魄强健，家牦牛成为集运输、耕种等多种功能于一身的“全能家畜”，被誉为高原之舟。约 7300 年前，驯化的家牦牛为藏族先民带来了稳定的生存物资，使得青藏高原人口迅速增长。由于在不同生活空间经历了数千年的基因分化，家牦牛与野牦牛在很多方面都存在着较大差异。

家牦牛

暴脾气的公牛

我们的体长为 2~2.6 米，雄性体重能达到 800 千克。一般情况下，成群的野牦牛会主动躲避敌害，遇到人或汽车也会逃走。因为要保护群体里的雌性和幼崽，所以会尽量避免不必要的纷争。而孤牛则恰恰相反，它们一般是年老离群独自生活的公牛，性情凶狠暴戾，常会主动攻击从它面前经过的各种对象，甚至还将行驶中的越野车顶翻过。你如果在野外遇到落单的公牛，要赶紧躲得远远的。

混血后代

近年来，有些牧民的生活区域与我们的分布区发生重叠的情况越来越严重，随之而来的是，繁殖期失去与同类交配权的雄性野牦牛，会下山闯入家牦牛群中，与雌性家牦牛交配，生下混血后代。这种特殊的混血后代往往野性十足，身高、体重、体能等各方面都优于普通的家牦牛幼崽，被牧民称为野血牦牛。青海省牦牛繁育推广服务中心引进野牦牛作为父本，用当地的家牦牛作为母本，培育了大通牦牛和阿什旦牦牛这两个地方新品种，并逐渐实现系统化、规模化养殖。

食腐之王 秃鹫

你好，我是秃鹫。人们常说的“座山雕”就是我们啦。我们有“流浪”的习惯，环境适应能力强，分布范围较广，甚至在北京这样的大城市周边也有我们的身影。我们和高山兀鹫、胡兀鹫、金雕、草原雕、雕鸮等猛禽共同生活在西宁野生动物园猛禽谷。我们是国家一级保护动物。

翼展接近3米，翼指 7 枚。

喙很强大，可以轻而易举地啄破、撕开动物的皮，拖出内脏。

每窝通常产卵 1 枚，卵污白色，有红褐色条纹和斑点。

我们并不是秃头

其实和很多名字中带“鹫”的表亲比起来，我们的头可一点儿都不秃，上面长着黑褐色绒羽呢，我们只是后颈上部有一点儿秃，看起来有点儿像莫西干发型。我们的脖子基部有一圈比较长的羽毛，和高山兀鹫一样，当我们把头伸进动物尸体的肚子里时，这圈羽毛就像一个围嘴儿，防止弄脏我们身上的羽毛。

不只食腐

在动物园里，我们的食物主要是动物的骨肉和内脏。我们的喙和爪比较尖利，所以在野外，我们也不是只吃尸体，有时也会主动攻击中小型兽类、两栖动物、爬行动物和鸟类等，甚至会攻击家畜。但总的来说，我们的食物还是以腐肉为主，毕竟经过长期的演化，我们的身体已经适应了这种食性。在猛禽中，我们的捕猎技巧与金雕等相比是比较弱的，但我们有强大的消化系统和免疫系统。

会变色的秃鹫

争食时，我们的头部颜色会发生一些有趣的变化：平时我们的脸是黑褐色的，脖子是铅蓝色的；而在啄食尸体的时候，我们的脸和脖子就会出现鲜艳的红色，这是在警告其他秃鹫不要过来；如果发生争食，争食失利的一方会被挤开，脸和脖子从红色变成白色，等它平静之后，就会渐渐变回原本的颜色。

唯一以骨头为食的鸟类

胡兀鹫

猛禽谷

你好，我是胡兀鹫。我们面部的刚毛就像是胡子，因而得名，而且雌鸟雄鸟都有胡子。我们在中国的野生种群数量远远少于高山兀鹫和秃鹫，即便在国内的动物园中，也不如它们那样常见。我们是国家一级保护动物。

头顶有绒状羽毛，并不秃，只是显得“发际线”后移。

有红眼圈。

雌雄胡兀鹫都有“胡子”。

有5个翼指，尾巴呈楔形。

既能高飞也能低飞，飞行时常常发出一种笛哨声。而高山兀鹫和秃鹫不擅长低飞。

一般雌鸟比雄鸟体形稍大。

胡兀鹫老年时，白色羽毛会变成铁锈色。

爱吃骨头

我们的食管非常有弹性，可以轻松吞下整块骨头，就连牛脊椎骨也不在话下。如果骨头太大，我们会叼着它飞到高空，然后对准岩石扔下骨头，将其摔成我们可以吞咽的小块。我们的胃酸很强，一根骨头下肚，不到24小时就能消化，我们可以从骨髓中获取更好的营养。不过在动物园里，我们还是会优先选择内脏和肉的。

开饭的信号

我们视觉敏锐，可以一边在天空自由翱翔，一边寻找地面上的动物尸体。在觅食过程中，我们还有小妙招：我们会注意观察鸢等食腐动物尤其是渡鸦的行为。当这些动物发现食物时，我们也去分一杯羹；当它们发现危险时，我们也会立即逃离。但我们一般不同其他兀鹫、秃鹫争抢食物，因为它们体形较大，打起架来，我们没有胜算，只好等它们吃完肉，我们再来吃骨头。

骨肉相残的小宝宝

胡兀鹫妈妈一般每窝产两枚卵，第一只雏鸟要比第二只早孵出一周。先出生的雏鸟个头儿大，身体强壮，不断排挤打压后出生的小雏鸟，抢夺食物、巢穴里的空间等。小雏鸟相当于大雏鸟出现意外时的替补，所以你见到的成年胡兀鹫可以称得上“天选之子”。

自然界的清道夫
高山兀鹫

你好，我叫六毛球，是国内首只人工饲养环境下由亲鸟育雏的高山兀鹫，也是在国内动物园中繁育成活的第 4 只高山兀鹫。经过爸爸妈妈 59 天的辛勤孵化，我于 2022 年 4 月 1 日 4 时 1 分破壳而出，破壳 8 小时后，我妈妈“小龙女”呕出肉泥饲喂我。因为猛禽谷内还有金雕、草原雕等攻击性猛禽，为了保护我，爸爸妈妈几乎寸步不离巢穴。现在我已经长成健壮的小伙子啦！我们是国家二级保护动物。

视觉极其敏锐，能在 6000 米的高空发现地面上的动物尸体。

喙异常强大，可以从大型动物的尸体上撕食腐肉、拖出沉重的内脏。

翼展接近 3 米。能飞越珠穆朗玛峰，最高飞行高度可达 9000 多米。

脖子很长，但经常会折叠后缩起来。

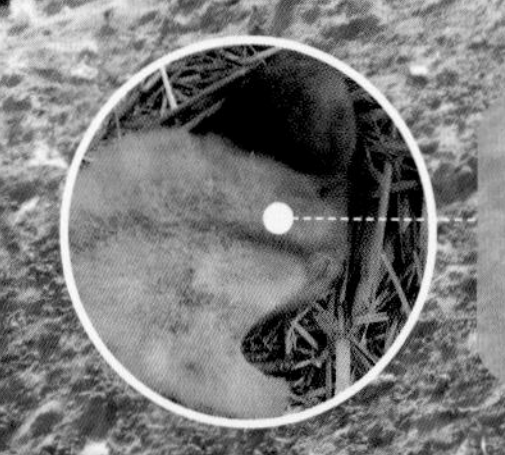

高山兀鹫宝宝身上只有白色的绒毛而没有羽毛，蜷缩起来就像一个小毛球。

爪明显退化，但趾下有发育充分的足垫，有利于高山兀鹫在地面上奔跑、跳动。

高山兀鹫体重大，起飞不易，往往需要借助坡地或者助跑才能起飞，还需要上升气流。

高原上的清道夫

我们主要以腐肉和尸体为食，一般不攻击活的动物。这是因为我们拥有强大的免疫系统来抵抗细菌；我们的胃能分泌高浓度的胃酸，不仅容易消化腐肉，还能杀死大部分致病菌；我们的肠道内还有有益的微生物种群。但是一些动物尸体中残留的农药却可能要了我们的命。我们就像自然界的清道夫，成功遏制了其他食腐动物（如鼠、苍蝇等）种群的快速增长，同时阻断动物间的疾病传播，在生态系统中扮演着重要角色。

鹫家族

全世界的鹫类有 23 种，中国有 8 种，分别为胡兀鹫、白背兀鹫、高山兀鹫、兀鹫、秃鹫、黑兀鹫、长嘴兀鹫和白兀鹫。这 8 种鹫类主要分布于我国西北、青藏高原及西南边境地区，其中秃鹫、胡兀鹫和高山兀鹫分布面积最广。种群数量方面，高山兀鹫大于 20000 只，胡兀鹫为 3000 ~ 9000 只，秃鹫在 8000 只以上，其余均在 300 只以下。

高山兀鹫与秃鹫、胡兀鹫的区别

	高山兀鹫	秃鹫	胡兀鹫
体羽颜色	上体茶褐色，下体淡黄色	黑褐色	上体灰黑色，下体淡棕色
头部	头和脖子上只有短短的绒毛	头顶有黑褐色绒羽，后颈上部秃	头顶有淡灰褐色绒状羽毛，并不秃
食性	大型动物尸体	鸟兽等尸体	主要以大型动物尸体为食，尤其喜欢骨头

捕鼠专家
雕鸮

头顶看似耳朵的部位其实是长长的耳羽，是两簇羽毛。耳朵其实是两个孔，位置和形状都不对称。

眼睛又大又圆，呈黄色，眼球无法转动。

喉部白色。

颈椎有 14 个关节，是人类的 2 倍，异常灵活，可以左右旋转 270°，还可以上下旋转 180°。

你好，我是雕鸮，是中国体形第二大的猫头鹰。一只雕鸮一年能吃掉几千只老鼠，保护数十万平方米森林免受鼠害。你在猛禽谷或者周边场馆偶尔能见到我们，因为我们都是被救护的野外个体，一般不会在动物园里待太久，治疗康复后就会被放归野外，所以，你看到的很可能是正处在康复期的我们，请不要驱赶、惊吓我们哟！我们是国家二级保护动物。

猫头鹰是色盲。

爪子上也有羽毛。

有吐食丸的习性，食丸由无法消化的动物毛发和骨头构成。

暗夜之王

人类的视网膜上有两种感光细胞，即视杆细胞和视锥细胞。我们的感光细胞几乎都是感受弱光的视杆细胞，在弱光环境甚至黑夜里也能够看清事物，所以我们是名副其实的“暗夜之王”。但由于缺少能够感受强光和颜色的视锥细胞，我们白天的视力比较差，而且无法分辨颜色，所以我们不喜欢在白天活动。当然，在光线不是很强的白天，我们也可能会出来活动。

鸮并非代表厄运

人们对我们的态度曾发生过 180 度的大转变，在商朝我们被推崇为战神鸟，商王武丁的妃嫔妇好的墓中就出土了鸮尊。在春秋战国时期的楚国，我们是与凤齐名的“神鸟”，常常被作为青铜纹饰，或与凤凰糅合成一种名叫“楚凤”的鸟出现在楚墓墓主的绢袍上。然而自汉朝起，我们开始被视为死亡与厄运的象征。我们被误解的原因可能是叫声与长相，但对我们了解得多了，是不是觉得我们还有点儿萌萌的。

不能把鸮当宠物养

鸮也叫猫头鹰，在中国至少是国家二级保护动物，无证私自饲养、买卖、运输等行为都是违法的。然而在国外，饲养我们的咖啡店却成了网红打卡点。人们觉得我们很可爱，然而事实上，被人抚摸时，收拢翅膀、身体紧绷、闭上眼睛是应激状态，并不是享受，而且应激反应严重时会导致我们死亡；在人们看来很萌的连续眨眼动作，其实是一种威吓。我们是夜行动物，却不得不在光线明亮和嘈杂的环境中“工作”；而且被拴在横杆上，活动空间狭小，无法自由飞翔，我们会患上肌肉萎缩、脚垫病、霉菌病等疾病。咖啡馆里的猫头鹰，有很多活不过一年。爱我们的话，请不要把我们当作萌宠！

雪域神鸟
黑颈鹤

你好，我是黑颈鹤，和同伴们生活在西宁野生动物园的百鸟苑。百鸟苑建在一座山谷中，面积超过 1 万平方米，顶部用高度超过 30 米的网子封住，即便像我这样的大型鸟类也可以在里面自由飞翔。我们黑颈鹤是世界上 15 种鹤中最晚被发现、命名的，是青海省省鸟，国家一级保护动物。

折腿飞行

我们飞行时，不仅能像大部分长腿的鸟儿那样双腿向后伸直，还会将腿折叠于腹部。我们的大长腿上没有羽毛，容易散热。我们折腿飞行是对降温的一种适应性行为反应，在飞行中的比例仅为 4% 左右。这种飞行行为常发生在有 10℃以上的降温、环境温度比较低（多在 −5℃以下）的情况下，并且温度越低、低温持续时间越长，发生折腿飞行行为的概率越大。就像人在寒冷时把手插到口袋里保暖一样。

优雅的舞者

雄鹤的求偶仪式还是比较隆重的。首先，雄鹤会在心仪的雌鹤身边翩翩起舞：时而绕圈跑动，时而低头俯身、扇翅抬头，时而垂直跳跃……舞毕，雄鹤接下来会引吭高歌，仿佛在说“你愿意嫁给我吗”。如果雌鹤答应的话，便会用歌声回应。接着，雌雄双鹤共舞，高声合唱。我们是一夫一妻制的，通常只会有一位终身伴侣。

唯一的高原鹤

我们是世界上唯一一种在高原生长、繁殖的鹤。每年 3 月，野外的伙伴们会离开越冬地，北上迁至青海和四川西部，在高山草甸、高原湖泊边选择合适的地方繁殖育幼。10 月我们开始向南飞，常常带着刚刚长大的幼鹤，与其他家族结成十几只甚至四五十只的大群，飞越崇山峻岭，去气候温暖的四川西南部、贵州西部、云南、西藏南部甚至更南的地方越冬。

放归还是留下——野生动物救护

除了饲养、展示青藏高原原生物种，救助、放归、繁育、研究本土动物也是西宁野生动物园日常工作之一，因为这里也是青海野生动物救护繁育中心（以下简称救护中心）。本土野生动物救护的目的是，让救护后达到放归标准的动物回归原有的自然栖息地。当然，受伤病、捕食能力下降等因素影响的野生动物是不能盲目放归野外的。

凌蛰勇闯天下

你好，我叫凌蛰，是一只雄性雪豹。2021 年 3 月 11 日，我闯到了青海省海北藏族自治州门源回族自治县西滩乡的一个农户家，从屋里往外跑时撞碎玻璃，划伤了额头。救护中心的工作人员来到现场，发现我的行为有点儿异常——反应迟钝、走路不稳，便将我麻醉后拉回救护中心，对我进行进一步检查，并为我起了一个好听的名字——凌蛰。凌有两层含义：第一，凌本身有冰雪的意思，符合雪豹的特征；第二，凌有跨过、跨越的意思，工作人员希望他们救护的每一只雪豹都能跨过这道坎儿。因为救助我的时候最接近的节气是惊蛰，所以我的名字就叫凌蛰啦。

经过观察和一系列检查，工作人员发现我只是缺钙，他们为我提供了食物。但是来到陌生环境，看到的都是人类，我很害怕，没有安全感，万一我吃饭的时候，被偷袭了怎么办？算了，不吃了！我喝了点儿水，工作人员在里面加了钙。在接下来的几天，我的行动能力和精神状态都慢慢恢复了正常。3 月 16 日早上，工作人员帮我挑选了一块有裸岩、有水源、有肉吃的“风水宝地”，并将我放归野外，救助我的人们一直目送我离开。走了将近 1 千米，我突然停下来，回头凝望着他们，大概 4 秒钟后，我转身奔向那有山有雪的地方，去勇闯天下啦！要知道，我可是中国第一只救护后佩戴卫星定位项圈被放归的雪豹，有很多科研人员参与了这次救助与放归，这也是中国首次将雪豹救助放归与科研监测相结合。

老黄颐养天年

你好，我叫老黄，是一只雄性荒漠猫。2020 年 10 月 19 日，青海省海北藏族自治州门源回族自治县的森林公安在野外发现了我，当时我受伤严重，瘦骨嶙峋，毛乱糟糟的，便把我送到了救护中心。经过检查，工作人员推断当时我大约 6 岁，体重为 3.6 千克，而健康的雄性荒漠猫一般为 5~8 千克。在检查过程中，我没有明显的应激反应，工作人员推断，这可能是由于我骨折后长时间未能进食导致的。工作人员还发现我左前肢桡尺骨粉碎性骨折，考虑到内固定或者外固定手术效果不佳，且骨折部位已出现感染，不得不对我进行截肢手术。术后我恢复得很好，但是只剩下三条腿，没办法回到野外生存，就住进了小型猫科动物馆颐养天年。当时我可是世界范围内唯一一只动物园圈养的荒漠猫。

随着对我的饲养、展出和宣传报道，在不到 1 年的时间里，救护中心救护的荒漠猫数量已经超过此前救护的总和。过去，很多一线、基层的人把我们当作野猫对待，现在越来越多的人认识了我们。来西宁野生动物园游玩的游客也不再称呼我们“小猫咪”，更多的人开始说：“哇，这就是荒漠猫！”2021 年 10 月，同样来自门源回族自治县的一只荒漠猫，因右前肢受伤被送到救护中心。当时它只有 5 个月大，工作人员为它实施了截指手术，并为它取名“黄蓉”。2022 年 1 月，黄蓉被放归野外，成为世界首例实施截指手术后被成功放归的荒漠猫。我有点儿羡慕它，不过我在西宁野生动物园生活得也不错，现在和同样被救助的黄平安生活在一起。2021 年 4 月 21 日，园方与祁连山自然保护协会面向全球为我征名。5 月 21 日，我有了正式的大名——荒小莫。

这些年救护的高原动物

雪豹

大虎，雄性，2006年救护，当时不满1岁。内向温驯，饭量大。现在体重已超过65千克，是西宁野生动物园体形最大的一只雪豹。

凌霜，雌性，2017年10月救护，当时约2岁半，后半身瘫痪，无法行动。现在与大虎生活在一起。胆小稳重。

凌夏，雌性，2021年5月救护，当时约1岁，咬死了牧民家的牛犊，却撕不开牛皮，吃不到肉。患有先天性心脏病，活泼聪明。

凌不服，雄性，2022年12月救护，当时已超10岁，胸骨骨折，头部外伤严重。坚强倔强，不向命运低头。

兔狲

狲小满，雌性，2014年救护，当时不满1岁。是西宁野生动物园年龄最大的一只兔狲。胆子小。

狲小妹，雌性，2015年救护，当时不满1岁。狲三郎的母亲。名副其实的“辣妹”。

狲尚香，雌性，2019年救护，当时不满1岁。谨慎，喜欢上树，人称“树上香”。

荒漠猫

黄公子，雄性，2021年6月救护，当时约1月龄。

青海湖，雌性，2021年9月救护，当时约1月龄。拥有超过$\frac{1}{3}$的家猫基因，是一只被基因污染的荒漠猫。

黄米糕，雄性，2023年3月救护，当时约10月龄。跟人类异常亲近，曾被人类当作宠物非法饲养，有10%的家猫基因，所以无法放归野外。

黄平安，雌性，2023年救护。去农户家偷鸡被抓，当时左眼失明。经过治疗，左眼恢复了部分视力，不过依然处于异常状态。且脊椎有旧伤，有多处骨刺。现在和老黄生活在一起。